Muß der Gasmotor dem Elektromotor weichen?

Von

FRANZ SCHÄFER

Oberingenieur in Dessau

Mit 12 Abbildungen

München und Berlin

Druck und Verlag von R. Oldenbourg

1909

Mufs der Gasmotor dem Elektromotor weichen? [1]

Von **Franz Schäfer**, Oberingenieur in Dessau.

Vielen Elektrotechnikern und für die Elektrizität be-
geisterten Laien, die trotz der geradezu glänzenden Ausbreitung des Gasverbrauchs immer noch von der nahe bevor-
stehenden Verdrängung des Gases träumen, gilt es als aus-
gemachte Tatsache, »dafs die Tage des Gasmotors gezählt
sind«, dafs er »keine Existenzberechtigung mehr hat« und
»vom Elektromotor vollständig verdrängt wird«. In den
neueren Propagandaschriften und -vorträgen der elektrotechnischen Baufirmen spielt der Hinweis auf das durch den
Elektromotor zu rettende Kleingewerbe meist eine gröfsere
Rolle als die Aufzählung der wirklichen und vermeintlichen
Vorteile des elektrischen Lichtes, und manche kleinere Stadt
hat sich lediglich deshalb für die Errichtung eines Elektrizi-
tätswerks anstatt einer Gasanstalt entschieden, weil es
gelungen war, den Stadtvätern die Bereitstellung elektrischer
Kraft für das bedrängte Kleingewerbe als unumgängliche
Aufgabe erscheinen zu lassen. Bedauerlicherweise herrschen
neuerdings auch in ziemlich weiten Kreisen der deutschen
Gasfachmänner sehr pessimistische Auffassungen über die
Wettbewerbsfähigkeit des Gasmotors gegen den Elektromotor; man hält da jede Bemühung zugunsten des Gasmotors für unnütz und überläfst das so wichtige Gebiet der

---

[1] Erweiterter Sonderabdruck aus dem Journal für Gasbeleuchtung und Wasserversorgung, Nr. 8 vom 20. Februar 1909. Heraus-
gegeben von Dr. H. Bunte, Karlsruhe.

Kraftversorgung kampflos den Elektrizitätswerken, oft auch da, wo diese nicht derselben Verwaltung unterstehen und somit kein Anreiz besteht, auch für ihre Entwicklung zu sorgen.

Es erscheint darum notwendig, wieder einmal darzutun, daſs solcher Pessimismus durchaus unbegründet ist und angesichts der tatsächlichen Entwicklung der Dinge nicht standhalten kann, und ferner mit Nachdruck darauf hinzuweisen, daſs gerade in neuester Zeit die Wettbewerbsfähigkeit des Gasmotors gegen den Elektromotor und andere Kraftquellen ganz erheblich gehoben worden ist, nachdem sie eine Reihe von Jahren hindurch stark beeinträchtigt war.

Die Optimisten im elektrischen und die Pessimisten im Gaslager stützen ihre Anschauungen auf die Statistik, die in der Tat allenthalben eine machtvolle Ausbreitung des Elektromotors und in einzelnen Orten einen mehr oder minder starken Rückgang der Zahl der an die Gaswerke angeschlossenen Gasmotoren nachweist, so daſs bei oberflächlicher Beurteilung der statistischen Daten der Schluſs berechtigt erscheinen könnte, der Gasmotor müsse dem Elektromotor das Feld räumen. Wer jedoch nicht vorschnell die aus vereinzelten statistischen Zahlen sich ergebenden Schlüsse verallgemeinert, vielmehr ein umfassenderes Zahlenmaterial eingehend prüft und auch die obwaltenden sonstigen Verhältnisse richtig würdigt, der muſs zu einer anderen Auffassung kommen. Er wird finden, daſs die Städte, die einen Rückgang in der Zahl der an ihre Gaswerke angeschlossenen Gasmotoren aufweisen, die Minderheit bilden und daſs dem da oder dort eingetretenen Stillstand oder Rückgang der Stückzahl der Gasmotoren eine vielfach sehr bedeutende Vermehrung ihres Anschluſswertes in Pferdekräften gegenübersteht.

Es ist z. B. nicht zu leugnen, daſs in Berlin die Stückzahl der an die städtischen Gaswerke angeschlossenen Gasmotoren im Laufe der letzten zehn Jahre stark zurückgegangen ist, von 1214 im Jahre 1897 auf 678 im Jahre 1907, ebensowenig, daſs die meisten der verschwundenen Gasmotoren durch Elektromotoren ersetzt worden sind. Aber es ist nicht minder richtig, daſs trotz-

dem die Zahl der an die Gaswerke angeschlossenen Pferde-
kräfte in der nämlichen Zeit von 5862 auf 8212, also um über
40%, gestiegen ist, mit anderen Worten, daß die Berliner Gaswerke für die vielen abgegangenen kleineren Gasmotoren durch
neu hinzukommende größere reichlich Ersatz bekommen haben.
Dabei muß man nun auch noch bedenken, daß in Berlin auf der
einen Seite mit größtem Eifer, u. a. durch Gründung einer be-
sonderen Gesellschaft (»Elektromotor«, G. m. b. H.), deren Akqui-
siteure mit emsigster Rührigkeit arbeiteten, die Ausbreitung des
Elektromotors auf Kosten des Gasmotors eigens betrieben wurde,
auf der andern Seite aber zur Förderung des Gasmotors nicht
nur nichts geschah, sondern vielmehr durch die mit der Einführung
des starren Einheitsgaspreises verbundene Erhöhung des
Kraftgaspreises von 10 auf 12$\frac{1}{2}$ Pf. vielen Gasmotorenbesitzern
der Übergang zur elektrischen Kraft oder — zum Sauggasgenerator geradezu aufgezwungen wurde!

Ferner ist nicht zu bestreiten, daß einzelne deutsche Gaswerke, wie die von Chemnitz, München, Pforzheim, Plauen i. V.,
im letzten Jahrzehnt viele von den früher an sie angeschlossenen
Motoren eingebüßt haben (Chemnitz 67 von 249, München 235
von 436, Pforzheim 49 von 101, Plauen i. V. gar 147 von 169).
Dem steht aber gegenüber, daß in demselben Zeitraum in anderen
Städten, wie Breslau, Köln, Crefeld, Dresden, Leipzig, Nürnberg u. a.,
die Stückzahl der Gasmotoren (und natürlich erst recht ihr Anschlußwert) sich trotz des doch ebenfalls vorhandenen elektrischen
Wettbewerbs stetig und zum Teil sehr bedeutend vermehrt hat
(z. B. in Köln von 481 auf 829, in Dresden von 503 auf 677, in
Nürnberg von 398 auf 571).

Man sieht aus diesen wenigen Beispielen, daß allge-
meine Schlüsse aus den Erfahrungen von Berlin und
einigen andern Städten nicht wohl gezogen werden dürfen
und ein richtiges Bild nur aus einer größeren Reihe statisti-
scher Zahlen gewonnen werden kann. Um dies zu ermög-
lichen, sind aus den bekannten »Statistischen Zusammen-
stellungen« des Deutschen Vereins von Gas- und Wasser-
fachmännern, aus Betriebsberichten von Gaswerken und aus
andern Quellen für 155 deutsche Städte die Stückzahlen und
die Anschlußwerte der jeweils vorhandenen Gasmotoren er-
mittelt und summiert worden, und zwar nach dem Stande
vom Ende März 1907 (bzw. Ende Dezember 1906) und dem
gleichen Zeitpunkt fünf oder zehn Jahre zuvor.

Die Städte sind folgende: Berlin (städtische Werke), Hamburg, Dresden, Köln, Leipzig (städtische Werke), München, Breslau, Düsseldorf, Elberfeld, Bremen, Magdeburg, Erfurt, Potsdam, Frankfurt a. O., Chemnitz, Nürnberg, Karlsruhe, Barmen, Strafsburg i. E., Crefeld, Nordhausen, Gotha, Dessau, Ruhrort, M.-Gladbach, Mannheim, Stettin, Königsberg, Halle a. S., Essen, Mülhausen i. E., Kassel, Kiel, Wiesbaden, Danzig, Bochum, Duisburg, Bonn, Posen, Plauen i. V., Pforzheim, Lübeck, Bielefeld, Mainz, Heilbronn, Salzwedel, Emden, Rendsburg, Pirna, Myslowitz, Offenbach, Freiburg i. Br., Darmstadt, Fürth, Zwickau, Osnabrück, Würzburg, Münster i. W., Kaiserslautern, Trier, Hanau, Hagen i. W., Eckesey, Remscheid, Flensburg, Mülheim a. d. R., Ludwigshafen, Göttingen, Hildesheim, Cottbus, Harburg, Hamm, Colmar i. E., Mülheim a. Rh., Worms, Halberstadt, Forst, Witten, Zittau, Hof, Baden-Baden, Minden, Thorn, Wesel, Efslingen, Mühlhausen i. Th., Kreuznach, Freiberg, Erlangen, Celle, Eisenach, Giefsen, Elbing, Ludwigsburg, Wandsbek, Stralsund, Greiz, Landshut, Lüneburg, Oberhausen, Hameln, Weimar, Steele, Tilsit, Annaberg, Siegburg, Schw.-Gmünd, Itzehoe, Zweibrücken, Marburg, Insterburg, Bingen, Crimmitschau, Aschaffenburg, Geestemünde, Merseburg, Sorau, Wurzen, Dülken, Schweidnitz, Lauban, Thann, Stade, Gaarden, Burg, Fulda, Eberswalde, Güstrow, Neuruppin, Allenstein, Saargemünd, Gumbinnen, Durlach, Grofsenhain, Meiningen, Kempen a. Rh., Sprottau, Glatz, Ölsnitz, Eschwege, Rudolstadt, Vegesack, Wetzlar, Ohlau, Hohenstein-Ernstthal, Öls, Eilenburg, Rüdesheim, Höxter, Wittstock, Schmölln, Gottesberg, Fraustadt, Luckenwalde und Rheydt-Odenkirchen.

Die Mehrzahl dieser Städte war schon zu Beginn der Vergleichsperiode mit Strom versorgt; die meisten übrigen sind im Laufe des zweiten Jahrfünfts der Stromversorgung teilhaftig geworden.

Das Gesamtergebnis stellt sich wie folgt:

Jahr	Stückzahl	Anschlufswert
1896/97	11 687	48 108 PS
1901/02	13 616	71 693 »
1906/07	12 812	75 885 » [1]

---

[1] Der gesamte Anschlufswert aller zurzeit an die Gaszentralen Deutschlands angeschlossenen Gasmotoren beträgt zwischen 175 000 und 180 000 PS. Aufserdem werden in Deutschland gegenwärtig etwa 400 000 PS mittels Sauggasmotoren gewonnen.

In den genannten 155 Städten, deren Gaswerke an Jahres-
leistung und Anschlußwert nicht ganz ein Drittel vom Gesamt-
umfang der deutschen Gaszentralen ausmachen, ist also die
Stückzahl der Gasmotoren in der ersten Hälfte des letzten
Jahrzehnts um fast 2000 (oder 16 $1/_2$%) gestiegen, in der
zweiten Hälfte um 804 zurückgegangen; der Anschlußwert aber hat fortwährend zugenommen, insgesamt
um 27 777 PS oder rund 58%.

Der Rückgang der Stückzahl im zweiten Jahrfünft fällt
zum weitaus größten Teil nur den Städten Berlin, München,
Magdeburg, Elberfeld, Chemnitz, Halle und Barmen zur Last, die
allein zusammen 871 Motoren eingebüßt haben; die große Mehrzahl der Städte zeigt auch im Laufe des zweiten Jahrfünfts noch
eine oft recht ansehnliche Zunahme der Stückzahl, z. B. Köln um
154, Leipzig (städtische Gaswerke) um 84, Remscheid um 79,
Nürnberg um 62, Mülheim a. d. R. um 52 usw. Wo die Stückzahl stillstand oder zurückging, da ist doch fast ausnahmslos der
Anschlußwert gestiegen. Hamburg z. B. hat zwar im
letzten Jahrfünft 31 Motoren eingebüßt, aber doch fast 300 PS an
Anschlußwert gewonnen; Bremen verzeichnet 4 Motoren weniger,
aber 76 PS mehr, Königsberg 12 Motoren weniger, aber 48 PS
mehr. Einen nennenswert kleineren Anschlußwert als vor
zehn Jahren zeigen zuletzt nur zehn von den 155 Gaswerken,
nämlich München (wo bis vor wenigen Jahren der ungewöhnlich
hohe Kraftgaspreis von 17 $1/_4$ Pf. bestand und auch heute noch
14 Pf. erhoben werden), Plauen i. V., Essen a. d. R., Pforzheim,
Magdeburg, Mühlhausen i. Th., Straßburg i. E., Wiesbaden,
Schw.-Gmünd und Colmar i. E. Manche Städte, die im ersten
Jahrfünft eine Einbuße an der Stückzahl oder am Anschlußwert
zu verzeichnen hatten, weisen im zweiten wieder eine Zunahme
auf, z. B. Straßburg, Bochum, Zwickau (im ersten Jahrfünft
16 Motoren mit 14 PS verloren, im zweiten wieder 19 Motoren
mit 94 PS hinzugewonnen), Kaiserslautern (zuerst ein Verlust von
13 Motoren und 17 PS, danach ein Zuwachs von 5 Stück und
70 PS). Diese Tatsache ist, da es sich um Städte handelt, die alle schon seit mehr als zehn Jahren mit
Elektrizität versorgt sind, besonders beachtenswert.

Zu dem Gesamtergebnis und den hervorgehobenen Einzelheiten sind folgende Bemerkungen und Erläuterungen zu geben:

1. Die fortwährende Zunahme des Anschluß-
wertes, die im ersten Jahrfünft, prozentual genommen,

gerade dreimal so stark war als die Steigerung der Stückzahl, und die im zweiten Jahrfünft trotz des Rückganges der
Stückzahl fortdauerte, beweist, daſs nicht nur in Berlin,
sondern allenthalben zwar eine groſse Anzahl kleinerer
Gasmotoren durch Elektromotoren verdrängt wurde, daſs
dafür aber viele Gasmotoren von gröſserem mittlerem
Anschluſswert neu zur Aufstellung kamen, mit anderen
Worten, daſs für mittlere und gröſsere Leistungen
doch der im Betrieb so wesentlich billigere Gasmotor dem Elektromotor trotz dessen wirklicher und
angeblicher Vorteile vielfach vorgezogen wurde und
noch wird. Diese Tatsache ist zweifellos manchen Elektrotechnikern unbekannt geblieben; sie zählten nur die Gasmotoren, die sie durch Elektromotoren ersetzen konnten,
nicht aber diejenigen, die an andern Stellen derselben Stadt
neu hinzutraten, und kamen so zu der irrigen Auffassung,
sie verdrängten den Gasmotor ganz und gar oder doch in
bedeutendem Maſse.

2. Der in der zweiten Hälfte des in Betracht gezogenen
Jahrzehnts mancherorts aufgetretene Rückgang oder doch
Stillstand der Stückzahl der Gasmotoren und die verhältnis-
mäſsig geringere Vermehrung des Anschluſswertes geht nach
vorliegenden Erfahrungen weniger auf den Wettbewerb des
Elektromotors, als vielmehr auf den des Sauggasgene-
rators zurück, der um die Jahrhundertwende herum mit
ungewöhnlich starker Reklame auf den Markt gebracht
wurde, die sehr viele Besitzer gröſserer Gasmotoren veran-
laſste, vom Leuchtgas- zum Sauggasbetrieb überzugehen. Es
lassen sich fast aus jeder Stadt eine ganze Anzahl elektrischer Blockstationen oder Einzelanlagen, mittlerer Fabriken,
Pumpwerke und ähnlicher Kraftbetriebe nachweisen, die
diesen Übergang vollzogen. Auch der Erfolg des Diesel-
motors und anderer mit billigen Rohölen arbeitenden Motoren
hat da und dort zur Verdrängung von Leuchtgasmotoren geführt oder doch deren weitere Ausbreitung beeinträchtigt.
Daſs trotz seiner Bedrängung von zwei Seiten
her — von unten durch den Elektromotor, von oben durch
den Sauggasgenerator — der Leuchtgasmotor in den
deutschen Städten seinen Anteil an der Kraft-

versorgung im wesentlichen behaupten, ja vielfach noch stetig und beträchtlich erweitern konnte, ist wohl der beste Beweis dafür, daſs er dem Elektromotor noch lange nicht zu weichen braucht!

Zum Sauggasgenerator haben übrigens viele städtische Gaswerksverwaltungen, besonders im Rheinland, nicht die richtige Stellung gefunden. Sie haben seine Einführung durch allerlei kleinliche Maſsnahmen, namentlich durch Entziehung oder Verweigerung des Stadtgasanschlusses, zu hemmen versucht, natürlich ohne Erfolg. Die nicht so bureaukratisch verwalteten privaten Gaswerke, z. B. diejenigen der Deutschen Continental-Gas-Gesellschaft, haben hingegen von vornherein darauf hingewirkt, daſs nicht nur bei vorhandenen Leuchtgasmotoren, die für Sauggasbetrieb eingerichtet wurden, der Leuchtgasanschluſs bestehen blieb, sondern daſs auch bei ganz neuen Sauggasanlagen womöglich ein Leuchtgasanschluſs geschaffen wurde. Sie haben die Erfahrung gemacht, daſs dieser Reserveanschluſs in den meisten Fällen keineswegs brachliegt, sondern zum Anlassen der Motoren, bei Betriebsstörungen im Gasgenerator, bei Überlastung der Motoren und bei Brennstoffmangel gern und oft mit sehr ansehnlichem Jahresverbrauch mitbenutzt wird. Es gibt in Warenhäusern, Vergnügungsetablissements und ähnlichen Betrieben elektrische Lichtanlagen, die im Sommer, wo es sich nicht lohnt, den Sauggaserzeuger anzuheizen, mit Leuchtgas arbeiten und dabei täglich 10, 15, 20 und mehr cbm Gas verbrauchen.

3. Ein Teil des Rückgangs der Stückzahl und des Anschluſswertes der Gasmotoren ist auch darauf zurückzuführen, daſs nicht wenige kleine und mittlere elektrische Einzelanlagen durch Anschluſs der betr. Gebäude, Fabriken, Bahnhöfe usw. an elektrische Zentralen — zum Teil auch durch Rückkehr zur Gasbeleuchtung — auſser Betrieb kamen. Solcher Anlagen hat es namentlich in denjenigen Städten viele gegeben, die erst im Laufe des letzten Jahrzehnts zentraler Stromversorgung teilhaftig wurden.

Von 2323 Gasmotoren, die vor 14 Jahren in 36 deutschen Städten im Betrieb waren, dienten ja 176, das sind reichlich $7^1/_2°/_0$, zum Betrieb elektrischer Einzelanlagen[1]).

---

[1]) Vgl. Schäfer, Die Kraftversorgung der deutschen Städte durch Leuchtgas; Journ. für Gasbel. 1894, S. 318 u. ff.

4. Die Einführung des starren Einheitsgaspreises in Berlin, Hamburg und anderen Städten ist zweifellos dem Bestand und namentlich der weiteren Ausbreitung des Leuchtgasmotors in hohem Maße nachteilig gewesen. So wünschenswert und für die Abnehmer angenehm ein einheitlicher Gaspreis für das in Wohnungen, Restaurationen, Läden usw., gleichviel zu welchem Zweck, verwendete Gas auch sein mag, so sehr ist doch ein niedrigerer Sonderpreis für das zur Kraftentwicklung benutzte Gas am Platze. Alle Bedenken, die sonst gegen die getrennten Leitungen und die doppelten Gasuhren bestehen, fallen hier nicht ins Gewicht oder doch weit weniger, als der soziale Gesichtspunkt der Bereitstellung möglichst billiger Betriebskraft für das Gewerbe und das wohlverstandene eigene Interesse der Gaswerke selbst. Die Tarifgestaltung, wie sie neuerdings vielfach in Aussicht genommen und da und dort, u. a. in Trier, St. Ingbert, Solingen und in den neuen Versorgungsgebieten der Deutschen Continental-Gas-Gesellschaft (im Elbgau unterhalb Dresdens und in Oberschlesien) eingeführt ist, nämlich ein Mittelpreis für Leucht-, Koch- und häusliches Heizgas und ein niedrigerer Sonderpreis für Kraft- und gewerbliches Heizgas, ist daher dem starren Einheitspreis entschieden vorzuziehen.

5. Sehr nachteilig für die Ausbreitung des Gasmotors war und ist zweifellos noch das Verhalten der Behörden in mehreren deutschen Bundesstaaten, namentlich im Königreich Sachsen, wo im Gegensatz zu Bayern, Preußen usw. die Gasmotoren konzessionspflichtig gemacht worden sind und demnach jeder Kraftverbraucher, der einen Gasmotor aufstellen will, sei es auch nur ein $1/4$pferdiges Maschinchen, erst drei Grund- und Aufrisse des Motorenraumes, drei Lagepläne der Umgebung und drei ausführliche Beschreibungen des Motors einreichen und dann wochen- oder monatelang auf die Erlaubnis warten muß. Da, soweit bekannt, die Konzessionsfreiheit des Gasmotors weder in Preußen noch anderswo zu nennenswerten Unzuträglichkeiten geführt hat und auch in Sachsen die Genehmigung in der großen Mehrzahl der Fälle bedingungslos erteilt oder doch nur an teils selbstverständliche, teils überflüssige Bedingungen geknüpft

wird, so wäre es wohl an der Zeit, daſs die Gasmotoren-
fabriken mit Unterstützung der Gasfachvereine um die Be-
seitigung der lästigen behördlichen Einmischung in Sachsen
sich bemühten.

Bietet nun schon, wie gezeigt, trotz aller
widrigen Einflüsse die bisherige Entwicklung
und die jetzige Sachlage der Regel nach keinerlei
Anlaſs zu Verzagtheit über die Existenzberechtigung des Gasmotors, so sind neuerdings sogar
verschiedene Momente hervorgetreten, welche
die Wettbewerbsfähigkeit des Gasmotors erheblich vermehrt haben und daher seiner weiteren
Ausbreitung in hohem Maſse förderlich sein
werden, Momente, die somit die lebhafteste Beachtung von
seiten aller Gasfachmänner verdienen.

In erster Linie ist hier die fast unbemerkt eingetretene
erhebliche Verbesserung und Verbilligung der
Gasmotoren hervorzuheben.

Betrachten wir zunächst die altbewährten langsamlaufenden Modelle mit liegendem Zylinder, so haben zwar
die marktgängigsten Typen und Fabrikate wesentliche
Veränderungen nicht erfahren, sie haben im Gegenteil ihre
Grundformen treu bewahrt und zeigen äuſserlich höchstens
einen gedrungeneren, kräftigeren Bau als früher (Fig. 1,
die neueste Ausführungsform des langsamlaufenden, liegenden
Deutzer Motors, bietet ein Beispiel dafür); aber die Steuerung,
die Regelung, die Zündung und andere Einzelheiten sind
vervollkommnet worden, man hat es gelernt, den Verbrennungsraum günstiger zu gestalten, die Kompression bedeutend
zu erhöhen und trotzdem die Möglichkeit von Frühzündungen
zu vermindern, und all diese Maſsnahmen gründlicher Durchbildung haben den Wirkungsgrad beträchtlich verbessert, in erster Linie durch Verkleinerung des mit der
Kühlung verbundenen Energieverlustes. Während man noch
vor 20 Jahren allgemein mit einem Gasverbrauch von 900
bis 1000 l pro PS und Stunde rechnen muſste und vor
15 Jahren ein Verbrauch von 600 l bei einem 20 pferdigen
Gasmotor hervorragend günstig war, braucht heute ein
4 pferdiger Motor guten Fabrikats nicht mehr als 520 bis

Fig. 1. Derzeitige Ausführungsform des Deutzer Normalmotors.

560 l; für einen 10 pferdigen werden 450 bis 480 l, für einen
20 pferdigen 420 bis 450 l gewährleistet; es sind Bremsproben
bekannt, bei denen mittelgroße Motoren noch nicht einmal
400 l Gas (von 5000 Kal /cbm und bei 0⁰ und 760 mm Baro-
meterstand) verbraucht haben. Der Gasverbrauch ist
also bei modernen Motoren um ein volles Drittel
kleiner, als bei den besten vor 10 bis 15 Jahren
erhältlichen Motoren.

Fig. 2. Neuester Deutzer Klein-Motor.

Daß durch die Präzisionsregulierung (Veränderung der
Füllung, statt der früheren »Aussetzer«-Regulierung) und
dank der mustergiltigen Durchbildung der elektrischen Zündung durch Rob. Bosch der Gasverbrauch auch bei geringer
Belastung durchaus günstig und die Zuverlässigkeit des
Ganges auch bei zeitweiliger Überlastung gewahrt bleibt, soll
nur nebenbei erwähnt werden.

Die Anschaffungskosten aber sind für gleiche
Leistungsfähigkeit, namentlich bei den mittleren und größeren
Modellen, um 10 bis 25⁰/₀ und mehr herabgegangen.

Z. B. ist der Listenpreis für einen 6 pferdigen Körtingmotor von M. 3200 auf M. 2870, für einen 10 pferdigen von M. 4500 auf M. 3450 ermäßigt worden; und ein 20 pferdiger Deutzer Gewerbemotor, der vor 12 Jahren noch M. 6000 kostete, steht heute mit M. 5000 in der Liste.

Für Leistungen von $1\frac{1}{4}$ bis 4 PS hat die Gasmotorenfabrik Deutz vor kurzem ein neues Modell (Bezeichnung MB; Fig. 2) herausgebracht, bei dem durch eine etwas erhöhte Umdrehungszahl und durch konstruktive Vereinfachungen (Fortfall der langen seitlichen Steuerwelle, Verdampfungskühlung, völlige Einkapselung des Triebwerks) eine erhebliche Ermäßigung des Preises ermöglicht wurde. Der 2 PS-Motor dieses Typs kostet nur ebensoviel wie der 1 PS-Motor der normalen Deutzer Bauart.

Die Firma Gebr. Körting hat ihren altbewährten stehenden Motor mit obenliegender Welle von Grund auf neu durchkonstruiert und unter der Bezeichnung »Modell MH« in vorläufig drei Größen (2, 3 und 4 PS) an den Markt gebracht (vgl. Fig. 3). Vor dem gleichartigen älteren Modell zeichnet sich die neue Ausführung vor allem durch erheblich geringeren Raumbedarf in Grundfläche und Höhe sowie durch bequemere Zugänglichkeit aller Teile aus; auch die Preise sind beträchtlich niedriger. Die Maschinen werden auch mit Wasser- oder Luftpumpen, z. B. zum Betrieb von Prefsluftwerkzeugen, unmittelbar zusammengebaut.

Demgegenüber darf als bekannt vorausgesetzt werden, daß der Elektromotor in bezug auf den Wirkungsgrad schon längst keiner nennenswerten Verbesserung mehr fähig ist, daß manche moderne Modelle infolge des Strebens nach konstruktiver Vereinfachung behufs Erleichterung der Massenherstellung sogar einen minder günstigen Wirkungsgrad aufweisen als ältere, vom Markte verschwundene Modelle.

Ein 2- oder 3 pferdiger Gleichstrommotor neuester Bauart der Allgemeinen Elektrizitätsgesellschaft braucht laut Katalog heute wie vor zehn Jahren 0,95 KW-Std. für die PS-Std., selbst ein 10 pferdiger noch 0,85 KW Std., während ein 8 pferdiger Glockenankermotor von Fritsche & Pischon vor 15 Jahren mit knapp 0,8 KW-Std. auskam.

Die Preise der Elektromotoren sind aber in den letzten Jahren nicht ermäßigt, sondern eher erhöht worden, teils infolge Teuerung des Kupfers und anderer Rohmaterialien, teils infolge Vereinbarung zwischen den grofsen elektrotechnischen Firmen.

Fig. 3. Derzeitige Ausführungsform (Modell MH) des stehenden Körting-Motors.

Somit ist eine Verschiebung des Wettbewerbs-
verhältnisses zugunsten des Gasmotors unleugbar
eingetreten, sowohl bei den Anschaffungskosten, wie
auch, in ganz besonderem Maße, bei den Betriebsaus-
gaben.

Bei einem Kraftstrompreis von 20 Pf./KW-Std. und einem
Kraftgaspreis von 12 Pf./cbm stellte sich vor 10 bis 15 Jahren das
Verhältnis der stündlichen Ausgaben für das Betriebsmittel bei
4 PS noch wie 1,8 (Elektromotor) zu 1 (Gasmotor); heute ist es
auf 2,7 : 1 gestiegen. Bei 10 PS beträgt es sogar jetzt 3,2 : 1
gegen früher 2,2 : 1. Der billigere Anschaffungspreis des Elektromotors wird daher heute in kürzerer Frist als früher durch die
höheren Betriebskosten ausgeglichen, bei ganztägigem Betrieb oft
in wenig mehr als einem Jahre.

Neben den altbewährten, langsamlaufenden Gasmotoren
haben sich nun aber in neuerer Zeit mehrere Systeme
kleiner, leichter und billiger schnellaufender
Motoren erfolgreich durchgesetzt, Maschinchen, denen
gegenüber das alte und seinerzeit nicht unberechtigte Miß-
trauen gegen die »Schnelläufer« durchaus nicht mehr am
Platze ist. Die großsartige Entwicklung des Automobilwesens,
die gerade so wie die glänzenden und verheißungsvollen
Erfolge der modernen Luftschiffahrt in erster Linie auf dem
(Benzin)-Gasmotor beruht, ist dem Fortschritt des Gasmotoren-
baues ungemein förderlich gewesen, sie hat ihm fast noch
mehr neue Aufgaben gestellt und noch reichlicher Gelegen-
heit zur Sammlung von Erfahrungen gegeben, als selbst
die erfolgreiche Lösung des Problems der Hochofengas-
verwertung, und diese Erfahrungen sind nicht ohne Rück-
wirkung auf den Bau stationärer Motoren geblieben. Bei
der schrittweisen Entwicklung von Daimlers 2 pferdiger
Benzindraisine, deren Motor 90 kg = 45 kg pro PS wog,
bis zum 120 pferdigen Mercedeswagen, dessen Motor nur
380 kg schwer ist = wenig über 3 kg/PS, hat man die
konstruktiven Fehler und Mängel der alten »Schnellläufer« erkannt und vermeiden gelernt; die feine Präzisions-
arbeit, die mit modernen Werkzeugmaschinen geschaffen
werden kann, die guten Erfahrungen, die man in anderen
Zweigen des Maschinenbaues mit der Steigerung der Um-

drehungszahlen gemacht hat (Expreſspumpen, Schnelldreh-
bänke usw.), und die vortrefflichen neueren Maschinen-
baustoffe (Nickelstahl, Aluminiumlegierungen usw.) haben
das ihrige dazu getan, aus dem launenhaften, rasch ver-
brauchten Schnelläufer der früheren Zeit eine z u v e r l ä s s i g e,
d a u e r h a f t e B e t r i e b s m a s c h i n e zu machen, die n i c h t
m e h r R a u m b e a n s p r u c h t und n i c h t m e h r k o s t e t,
als ein gleichstarker Elektromotor. Es ist darum wohl an
der Zeit, daſs alle Gasfachmänner diesen groſsen Erfolg kennen
lernen, beachten und verwerten!

Fig. 4. 1 bis 1 ½ PS Fafnir-Motor.

Eine eingehende Würdigung all der zahlreichen Modelle
guter schnellaufender Gasmotoren, die jetzt am Markte sind,
ist an dieser Stelle nicht möglich; es können nur einige
markante Typen und Aggregate in Wort und Bild vor-
geführt werden.

Da ist zunächst der Motor »F a f n i r«[1]), den die Aachener
Stahlwarenfabrik A.-G. in Aachen seit reichlich sechs Jahren
baut, Fig. 4, ersichtlichermaſsen ein richtiger Automobilmotor

---

[1]) Vgl. Journ. für Gasbel. 1908, S. 1170.

mit eingekapseltem Getriebe nach der von de Dion in Anlehnung an Daimlers Arbeiten geschaffenen Bauart, auf eine
mit zwei Tragstützen und einem Aufsenlagerbock versehene
Fundamentplatte gesetzt, Zylinder mit Wassermantel und
Ventilgehäuse zusammengegossen, Ein- und Auslafsventil über-
einander angeordnet, nur das letztere zwangläufig gesteuert,
das Ganze überaus klein beisammen (der 1 pferdige Motor
nimmt knapp $\frac{1}{4}$ qm Bodenfläche ein und reicht einem Manne
grade bis zum Knie), aber übersichtlich und an den wesent-

Fig. 5. Zweizylindriger Fafnir-Motor.

lichen Teilen leicht zugänglich, an dem ganzen zierlichen
Ding nur ein einziges Schmierölgefäfs, zur Regulierung des
Ganges eine einfache Drosselklappe, zur Zündung ein Glüh-
rohr oder auch ein magnetelektrischer Apparat, — so stellt
sich der »Fafnir« dar, scheinbar ein Spielzeug, in Wirklichkeit
eine leistungsfähige und dauerhafte Maschine. Er wird einzylindrig nur in zwei Gröfsen gebaut, für 1 bis 1$\frac{1}{2}$ und 2$\frac{1}{2}$
bis 3$\frac{1}{2}$ PS; für gröfsere Leistungen (4 bis 5 und 8 bis 9 PS)
werden zwei Zylinder nebeneinander gestellt (Fig. 5) oder
gar vier (6 bis 8, 10 bis 15 PS); die Umlaufszahl bewegt sich
zwischen 1250 und 800 in der Minute. Der 1 bis 1$\frac{1}{2}$ pferdige

Motor kostet mit allem Zubehör mit Glührohrzündung M. 500,
der 2 $^1/_2$ bis 3 $^1/_2$ pferdige M. 750, also nicht mehr, wie ein gleichstarker Elektromotor mit allem Zubehör.

Einen anderen, von der Cudell-Motoren-Gesellschaft in
Berlin (N. 65, Reinickendorferstr. 46) in den Handel gebrachten
billigen schnellaufenden Gasmotor zeigen die Fig. 6 u. 7.

Fig. 6. **Cudell-Gasmotor.**

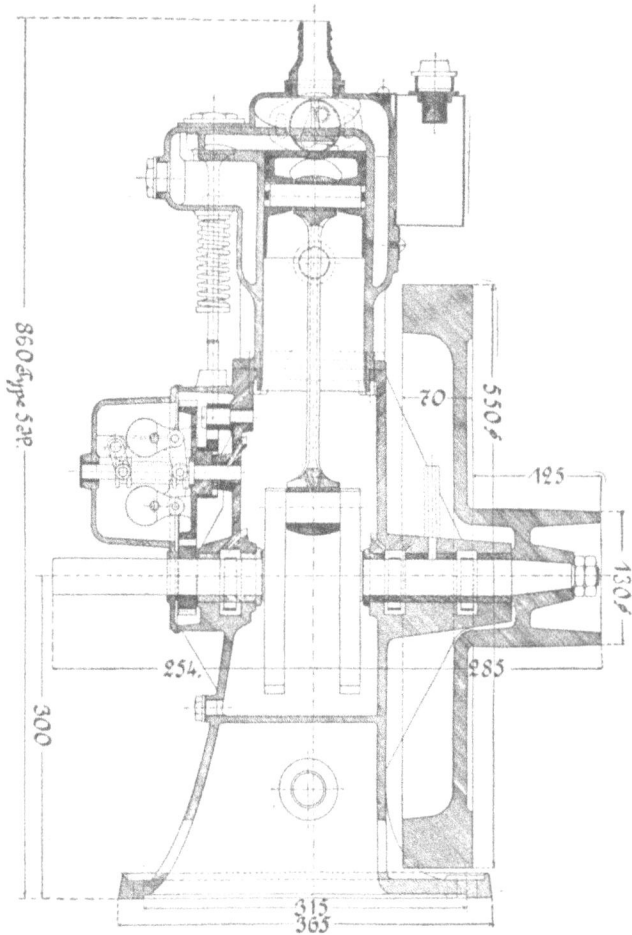

Fig. 7. **Cudell-Gasmotor,** Schnittzeichnung.

Auch er verrät in der Form des mit dem Wassermantel und dem Ventilgehäuse zusammengegossenen Zylinders seine Verwandtschaft mit dem Automobilmotor, ist aber im übrigen als richtiger stationärer Motor durchgebildet, und zwar so einfach und übersichtlich und zugleich mit so geschickter Massenverteilung und so gefälliger Linienführung, daß man dem Konstrukteur alle Anerkennung zollen muß. Auslaß-

und Einlaſsventil liegen nebeneinander, beide sind gesteuert; die Zündung erfolgt durch einen magnetelektrischen Apparat mit sehr einfachem, unmittelbar vom Kolben angestoſsenem Abreiſser. Der Auspufftopf liegt im hohlen Sockel; das schwere Schwungrad hat flache Glockenform und greift über das breite Hauptlager zurück. Der Motor wird einzylindrig in Gröſsen von 2, 3, 5 und 6 PS Dauerleistung gebaut, mehrzylindrig bis zu 30 PS. Das kleinste Modell (2 PS) kostet mit allem Zubehör M. 675, das 5 pferdige M. 1000, das 6 pferdige M. 1185. Raumbedarf und Gewicht der Cudellmotoren sind sehr gering; z. B. beansprucht der nur 90 cm hohe und in der Achsenrichtung maximal 54 cm breite 6 PS-Motor eine Standfläche von nur 37 × 54 cm und wiegt nur rund 200 kg. Die Umdrehungszahlen sind etwas niedriger als bei ›Fafnir‹; sie schwanken zwischen 900 und 600 in der Minute.

Einen schnellaufenden billigen Viertaktmotor ähnlicher Bauart, System G a r d n e r (Fig. 8), liefert die Firma Bieberstein & Goedicke in Hamburg, einzylindrig in Gröſsen von 2 bis 7 PS, mehrzylindrig auch für viel höhere Leistungen.

Mehrzylindrige schnellaufende Gasmotoren liefert seit kurzem auch die Aktiengesellschaft G e b r. K ö r t i n g in Körtingsdorf bei Hannover, und zwar hat sie ihre bewährten Automobil- und Bootsmotoren ›Sleipner‹ auch als ortsfeste Maschinen ausgebildet, besonders zum Zusammenbau mit schnelllaufenden Arbeitsmaschinen auf gemeinsamer Grundplatte.

Auch die verlockende, aber ehedem so spröde Aufgabe, einen einfachen, zuverlässigen und im Gasverbrauch sparsamen stationären Z w e i t a k t motor zu schaffen, hat jetzt ihre Lösung gefunden, und zwar durch die Firma G r a d e - M o t o r w e r k e in Magdeburg, ebenfalls in Anlehnung an einen erprobten Fahrrad- und Automobilmotor. Eine neue Arbeitsweise oder grundsätzlich neue konstruktive Anordnungen weist der Grade-Motor nicht auf, er charakterisiert sich vielmehr als eine Ausführungsform der von dem Engländer D a y vor etwa 16 Jahren angegebenen Bauart [Ein- und Auslaſssteuerung durch vom Kolben freigelegte Schlitze (dadurch Fortfall der Ventile und ihrer Gestänge; es ist nur noch ein selbsttätiges Mischventil vorhanden), Ansaugung und teilweise Verdichtung des zündbaren Gemisches im geschlossenen Kurbelkapselraum und Hinüberschiebung desselben in den Verbrennungsraum während der äußeren Totpunktlage des Kolbens, wobei eine Prallfläche auf dem Kolbenrücken die einströmende neue Ladung ablenkt]. Aber welche Vervollkommnung der Gesamtanordnung und der wenigen arbeitenden Teile! Aus dem plumpen, puffenden

Fig. 8.

Fig. 9. Grade-Zweitakt-Motor, Type J.

und knallenden »Gasfresser« von Day ist eine zuverlässige, ruhig und gleichmäfsig laufende Maschine geworden, die mit 800 bis 700, in den gröfseren Modellen sogar mit 600 und weniger Litern Gas für die Pferdekraft und Stunde auskommt. Der Motor wird in zwei Typen gebaut, entweder mit fliegender Kurbel oder mit gekröpfter Welle. Fig. 9 veranschaulicht den ersteren, der als Schnelläufer in fünf Gröfsen (von ∞ $^1/_2$ bis ∞ 10 PS bei Leuchtgasbetrieb) gebaut wird und in seiner gröfsten Ausführung nur gerade $^1/_2$ qm Bodenfläche beansprucht, weniger als 1 m hoch ist und nur

M. 1600 kostet. Eine Abart dieses Typs weist noch ein Aufsenlager neben der Riemenscheibe auf. Die andere Bauart mit gekröpfter Welle wird als Langsamläufer mit zwei Schwungrädern hergestellt, in fünf Gröfsen (von $2\frac{1}{2}$ bis 15 PS). Bemerkenswert ist die Leichtigkeit der Ingangsetzung dieser Zweitaktmotoren, auch der gröfsten Modelle, und ihre Ausdauer bei zeitweiser Überlastung.

In diesen und einigen anderen, wegen Raummangel hier nicht besonders besprochenen kleinen schnellaufenden Gasmotoren ist ein alter Wunsch vieler Gasfachmänner erfüllt: Billige, aber doch zuverlässige und dauerhafte Motoren zur Verfügung zu haben! Und dabei hat das, was man in diesen Kreisen vor 10 bis 15 Jahren bei dem billigen Motor noch willig hingehen zu lassen bereit war[1]), nämlich ein höherer Gasverbrauch, nicht in Kauf genommen werden müssen. Denn der Gasverbrauch der modernen Schnelläufer ist nicht ungünstiger, sondern eher noch geringer als bei den langsamlaufenden Motoren der vor 10 bis 15 Jahren üblichen Bauart; er übersteigt 750 l für die PS-Stunde nicht. Neben der Billigkeit in der Anschaffung dieser Motoren verdient sodann die leichte und einfache Aufstellung, die nur sehr wenig Kosten verursacht, besondere Betonung: Die Motoren werden fertig zusammengebaut versandt und brauchen am Bestimmungsort nur mit ein paar kräftigen Holzschrauben an ein paar Balken oder mit 3 bis 4 Steinschrauben auf einem Zementestrich festgemacht zu werden, allenfalls mit einem Stück Linoleum als Zwischenlage, um einen sanften Gang zu gewährleisten. Zu erwähnen ist ferner die leichte Ingangsetzung: Ein 6 pferdiger Cudellmotor ist mittels der Andrehkurbel mit einer Hand und ohne jede Anstrengung in Gang zu bringen, viel leichter als etwa ein 1 pferdiger Gasmotor älteren Modells durch Drehen am Schwungrad. Schliefslich mufs hervorgehoben werden, dafs die Haltbarkeit und Zuverlässigkeit der neueren Schnelläufer erfahrungsgemäfs durchaus befriedigend ist: Die Gasanstalt in Dessau benutzt einen 1 PS-»Fafnir«-Motor seit

---

[1]) Vgl. Schäfer, Die Kraftversorgung der deutschen Städte durch Leuchtgas; Journ. für Gasbel. 1894, S. 341.

mehr als fünf Jahren zum Antrieb eines Gebläses für die Schmiede; er ist auf zwei konsolartig in die Wand eingelassenen Winkeleisen an der Außenseite des Gebäudes unter einem leichten Dach aufgestellt, ohne irgendwelchen Schutz gegen Staub, Wind und Frost, wird durchaus nicht sorglich gewartet und gepflegt, läuft aber tadellos und unermüdlich und hat in der ganzen Zeit noch nicht für M. 100 Reparaturkosten verursacht, d. i. noch nicht für M. 20 im Jahre.

Durch diese Schnelläufer ist daher eine weitere Möglichkeit gegeben, den Absatz von Gas zur Kraftentwicklung wieder zu heben, namentlich auf dem Gebiete der kleinen Kraftanlagen von 1 bis 4 bis 6 PS. Wenn sie auch den Elektromotor aus vorhandenen Betrieben nicht zu verdrängen vermögen, so können sie doch bei neu zu schaffenden Anlagen erfolgreicher mit ihm in Wettbewerb treten als die teureren, schwereren und viel mehr Platz beanspruchenden langsamlaufenden Gasmotoren. Dazu kommt noch, daß sie durch ihre höhere Umlaufszahl zum direkten Zusammenbau mit schnellaufenden Arbeitsmaschinen, wie Gebläsen, Schleuderpumpen, Dynamomaschinen u. a. m., geeignet sind, wodurch sich für derartige Fälle ganz besonders klein zusammengedrängte und billige Aggregate ergeben. Fig. 10 und 11 zeigen mehrere solche Kombinationen, die früher teils gar nicht, teils nur mit wesentlich höheren Kosten ausführbar waren; man denke nur an die früheren »Gasdynamos« mit ihren schweren und kostspieligen langsamlaufenden elektrischen Lichtmaschinen oder an die langsamlaufenden Wasserpumpen, die selbst beim Antrieb durch einen Deutzer Kreuzkopfmotor noch eine Riemen- oder Zahnräderübersetzung erforderten! Hier kommt jetzt dem Gasmotor zugute, daß der von vornherein fast ausschließlich als Schnelläufer erhältliche Elektromotor die Fabrikanten von Kolbenpumpen und Gebläsen dazu nötigte, ihre Konstruktionen für den »Schnellbetrieb« umzumodeln, was mit solchem Erfolg geschah, daß heutzutage z. B. Kolbenluftpumpen zu haben sind, die bei 600 und selbst bei 800 Umdrehungen in der Minute weit weniger hörbar arbeiten, als ihre plumpen Vorgängerinnen vor anderthalb Jahrzehnten bei 60.

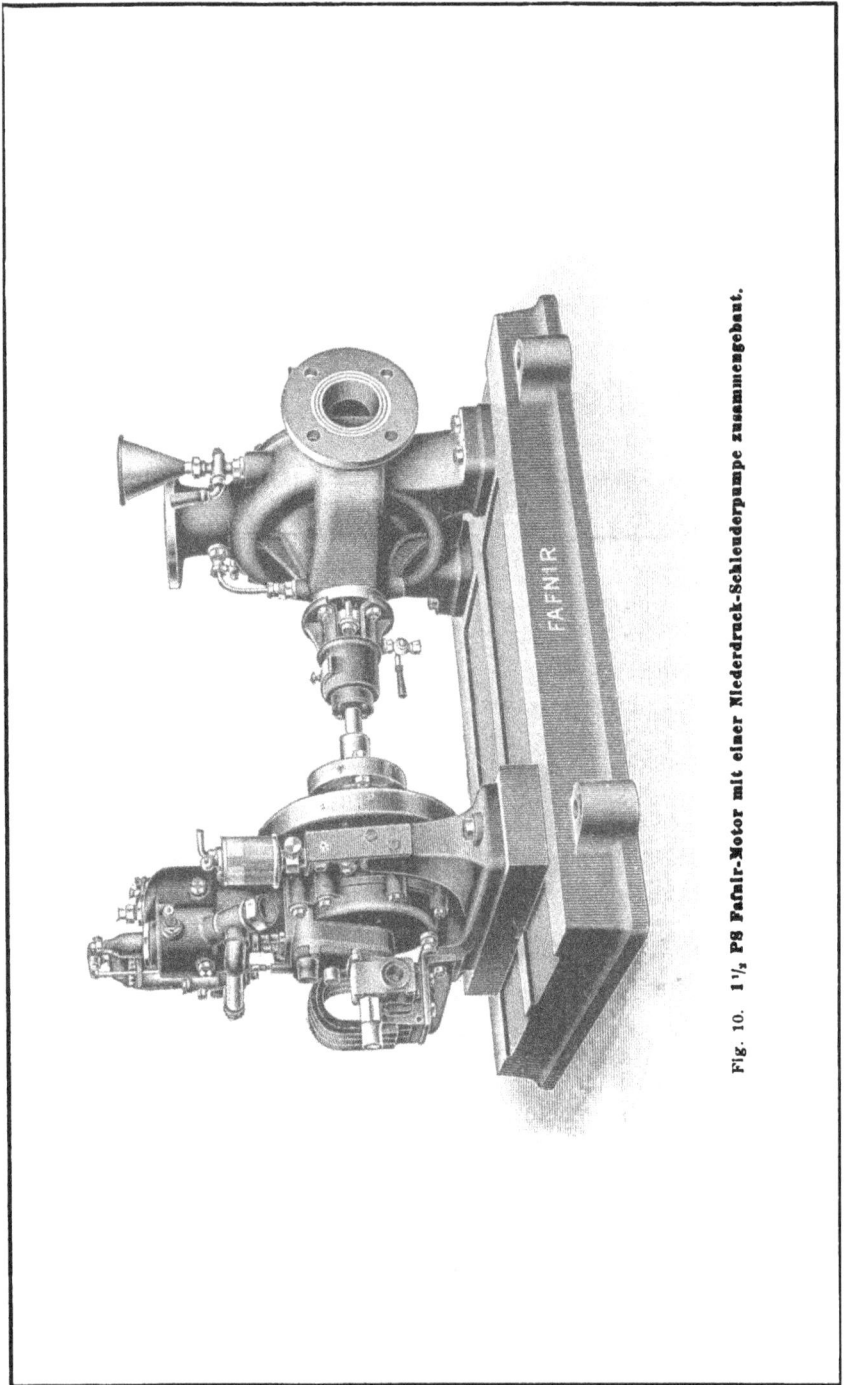

Fig. 10. 1½ PS Fafnir-Motor mit einer Niederdruck-Schleuderpumpe zusammengebaut.

Fig. 11. Grade-Motor, mit Dynamo direkt gekuppelt.

27

Besondere Hervorhebung verdient die Tatsache, daſs durch die neueren schnellaufenden Gasdynamos mit ihrem überaus geringen Raumbedarf und ihrem niedrigen Preis die Wirtschaftlichkeit élektrischer Einzelanlagen erheblich verbessert worden ist. In kleineren Städten, in denen die Errichtung einer elektrischen Zentrale neben einem Gaswerk verlustbringend sein würde, gewähren sie den paar gewöhnlich nur vorhandenen gröſseren Geschäften, Anstalten, Sanatorien u. dgl., die gern elektrische Beleuchtung hätten, die Möglichkeit, sie sich selbst zu schaffen, und zwar für nur etwa die Hälfte der jährlichen Ausgaben, die der Bezug des Stromes aus einer Zentrale verursachen würde.

Da nun auch der früher oft beklagte Mangel an brauchbaren Gasmotoren für ganz kleine Leistungen (Zwergmotoren) durch den von der Firma Friedrich Richter & Co. in Weimar an den Markt gebrachten Thiersmotor behoben ist, der in drei Gröſsen ($^1/_5$, $^1/_3$ und $^1/_2$ PS) gebaut wird, so hat der Gasfachmann jetzt auch auf diesem Gebiet die Möglichkeit, an ihn herantretende Wünsche zu erfüllen. Der kleine, sehr sauber gearbeitete und mäſsig schnellaufende Motor (Fig. 12) weist mehrere eigenartige Einzelheiten auf, so den nicht mit Kolbenringen versehenen Kolben, der in einem aus zahnstangenartig ineinandergreifenden Dauben zusammengesetzten, nachstellbaren Zylindereinsatz gleitet, die überaus einfache Steuerung mittels Kurvennut und Scherenhebel, also ohne Zahnräder und besondere Steuerwelle, und die in ihren beiden Lagern durch einen einzigen Keil nachstellbare Pleuelstange. Es sind also nicht, wie bei früheren Zwerggasmotoren, lediglich die Abmessungen gröſserer Motoren verringert, sondern ganz neue, nur für Zwergmotoren, aber für diese auch vortrefflich geeignete Anordnungen geschaffen worden.

Aus alledem dürfte zur Genüge hervorgehen, daſs die Konstrukteure und die Fabrikanten von Gasmotoren unermüdlich und erfolgreich bestrebt sind, Verbesserungen und Neuerungen herauszubringen. Sache der Gasfachmänner ist es, die neuen Errungenschaften zu verwerten! Neben der so bedeutend verbesserten Wettbewerbsfähigkeit der modernen Gasmotoren kann dabei die Tatsache förderlich wirken, daſs viele Elektrizitätswerke schon jetzt einen eben-

so großen oder gar noch größeren Anschlußwert für Kraft haben als für Licht und daher durch
weiteren Zuwachs von Elektromotoren nicht mehr eine Verbesserung, sondern eher eine Verschlechterung ihrer Belastungs-
kurve, keine wirtschaftlichere Ausnutzung, sondern vielmehr
eine gefährliche Überlastung ihrer Kabelnetze herbeiführen
würden.

Nach der letzten in der »Elektrotechn. Zeitschr.« (1908,
S. 229 u. ff.) veröffentlichten Statistik der Elektrizitätswerke
Deutschlands hatten die 1530 darin behandelten Werke am
1. April 1907 zusammen einen Anschlußwert von 576 284 KW
für Licht und 524 577 KW für Kraft. Viele Werke hatten
aber einen größeren Anschlußwert für Kraft als für Licht,
z. B. Berlin, Duisburg, Essen a. Ruhr, Halle a. S., Mann-

Fig. 12. **Thiers-Motor.**

29

heim, Mülhausen i. E. u. a. m., manche Werke hatten allein für Kraft einen die gesamte Leistungsfähigkeit aller ihrer Stromquellen (Maschinen einschl. Reserven und Akkumulatoren) zum Teil weit übersteigenden Anschlußwert!

Ein Zusammenhang zwischen diesem Belastungsverhältnis und den in neuerer Zeit so überaus häufigen schweren Betriebsstörungen bei elektrischen Werken infolge von Kabelbränden (Charlottenburg, Essen, Frankfurt a. M., Hannover, u. a. O.) ist mindestens wahrscheinlich. In einer mitteldeutschen Großstadt wurden vor einigen Wochen die Motorenbesitzer gebeten, nach 4 Uhr nachmittags wenn irgend möglich den Betrieb einzustellen!

Daraus erklären sich wohl auch die in vielen neueren Stromtarifen, namentlich bei Wechsel- und Drehstromwerken, zum Ausdruck kommenden Bestrebungen, die Benutzung der Elektromotoren in den Abendstunden hintanzuhalten durch Berechnung eines höheren Kraftstrompreises während der Hauptbeleuchtungszeit.

So berechnet z. B. das Elektrizitätswerk in Potsdam den Kraftstrom während der Tages- und Nachtstunden zu 25 bis herab zu 8 Pf./KW-Std., während der Abendstunden jedoch zu 50 bis herab zu 30 Pf. In Düsseldorf kostet der Kraftstrom während der Sperrzeit 45 Pf., außerhalb derselben 15 Pf./KW-Std. Erfurt erhebt in der Sperrzeit 40 bis 26 Pf., außerhalb derselben nur 20 bis 12 Pf./KW-Std.

Derartige Tarifmaßnahmen mögen im Interesse der Elektrizitätswerke liegen, für die Kraftverbraucher sind sie aber nur eine recht lästige Auflage! Es wäre sicher von Nutzen für die Gaswerke, wenn dann und wann an geeigneter Stelle darauf hingewiesen würde, daß sie es nicht nötig haben, ihren Abnehmern hinsichtlich der Benutzungszeiten irgendwelche Beschränkungen aufzuerlegen. Es ist noch lange nicht genug bekannt, daß die größere Billigkeit des Gaslichts in erster Linie auf den großen Gasbehältern beruht, die ein ungemein elastisches Zwischenglied zwischen der ganz gleichmäßig verlaufenden Gaserzeugung und der stark schwankenden Gasabnahme bilden.

Schließlich ist noch darauf hinzuweisen, daß die Anschauungen über die wirtschaftliche Bedeutung der Sauggasgeneratoren in den letzten paar Jahren an Hand von praktischen Erfahrungen sich geklärt haben. Man weiß jetzt, daß der Sauggasgenerator doch nicht ganz so einfach und so billig arbeitet, wie anfangs behauptet und auch geglaubt worden war, und daß für Leistungen von weniger als 10 bis 12 PS, wenn es sich nicht gerade um Anlagen handelt, die den ganzen Tag über mit wenig wechselnden Belastungen zu arbeiten haben, der Betrieb mit Leuchtgas sich bei richtiger Kalkulation und verständig bemessenem Gaspreis doch billiger stellt als der mit Sauggas. Überdies sind ja auch die Preise von Anthrazit und Braunkohlenbriketts in den letzten Jahren fast allenthalben gestiegen, die Kraftgaspreise aber nicht. Auch sind die Anforderungen der Behörden wegen der manchenorts hervorgetretenen Unannehmlichkeiten des Sauggasbetriebs (Abwässer!) nicht unerheblich verschärft worden.

Wo alle diese dem Gasmotor förderlichen Umstände nach Gebühr ausgenutzt werden, da wird es nicht schwer fallen, hinfort wieder neue Kraftgasabnehmer zu gewinnen und den so wertvollen Kraftgasverbrauch wieder zu heben. Für Betriebe mit sehr häufigen Unterbrechungen und stark wechselnden Belastungen kann der Gasmotor ja kaum in Betracht kommen, bei vielen andern Betrieben aber vermag er sehr wohl mit dem Elektromotor erfolgreich in Wettbewerb zu treten, etwa nach folgenden Leitsätzen:

1. Für kleinen Kraftbedarf, etwa bis zu 4 oder 6 PS, und täglich nur zwei- bis fünfstündigen Betrieb, also für das Kleingewerbe im engeren Sinn und neuerdings auch für die Landwirtschaft, sind die neueren »Schnellläufer« in der Anschaffung nicht teurer und im Betrieb ganz wesentlich, unter normalen Verhältnissen um 50 bis 60%, billiger als Elektromotoren.

2. Der Raumbedarf dieser kleinen Schnelläufer ist nicht größer als derjenige gleich starker Elektromotoren; auch werden sie, wie diese, fertig zusammengebaut angeliefert, sind also ebenso leicht und schnell aufzustellen und an die Leitung anzuschließen.

3. Für mittleren Kraftbedarf, etwa von 4 bis 10 PS, und täglich fünf- bis zehnstündigen Betrieb, also für kleine Fabriken u. dgl., sind die neuerdings so wesentlich verbesserten und verbilligten Normalmodelle zwar in der Anschaffung teurer und im Raumbedarf anspruchsvoller, aber in den Kosten des Betriebsmittels und in den Gesamtkosten einschliefslich Verzinsung und Abschreibung erheblich billiger als Elektromotoren, auch im Betrieb nicht teurer als Sauggasmotoren.

www.ingramcontent.com/pod-product-compliance
Lightning Source LLC
Chambersburg PA
CBHW031457180326
41458CB00002B/799